PETER BERG

KOSMOS AUSSAAT TAGE 2027

DIE KRAFT DES MONDES
FÜR IHREN GARTEN

KOSMOS

Gute Pflege von Anfang an

Damit wir gut in die neue Kräutersaison starten können, brauchen die oft wärmeliebenden Pflanzen zu Beginn unsere Aufmerksamkeit. Haben sie sich einmal an ihrem Standort etabliert, sind die meisten Kräuter recht einfach in der Pflege.

Frostschutz für Kräuter

Manche Kräuter müssen auch im Frühjahr noch vor Spätfrösten geschützt werden, sofern sie nicht als Kübelpflanzen an einen frostsicheren Platz gestellt wurden. Dazu gehören beispielsweise Rosmarin und Französischer Estragon. Russischer Estragon und Gewöhnlicher Estragon sind dagegen kälterobust. Sie haben jedoch im Vergleich zum Französischen Estragon weniger Aroma. Belassen Sie auch im sehr zeitigen Frühjahr den Winterschutz (Laub, Reisig, Vlies) noch auf den Pflanzen und gewöhnen Sie diese wärmeliebenden Kräuter langsam und stetig an die Frühlingstemperaturen. Gerade die Zitronenverbene (auch Eisenkraut genannt) benötigt unbedingt noch einen guten Frostschutz, sofern die Pflanze nicht im Kübel frostgeschützt überwintert.

Entfernen Sie bei Kräutern wie Salbei, Lavendel und Rosmarin im späteren Frühjahr die erfrorenen Teile. Die Kräuter wachsen nach dem Rückschnitt kräftig nach. Überprüfen Sie etwa im März bei Kräutern, die über den Winter hindurch komplett in den Boden einziehen (Schnittlauch, Liebstöckel, Estragon), ob erste Austriebe sichtbar sind oder ob die Pflanze ausgewintert, d. h. erfroren ist und deshalb keine jungen Austriebe sichtbar sind.

Den Boden vorbereiten

Bereiten Sie im zeitigen Frühjahr den Boden für Ihre Kräuter vor. Erneuern Sie die Mulchschicht, nachdem Sie den Boden mit der Hacke gelockert und etwas guten, reifen Kompost vorsichtig untergearbeitet haben. So ermöglichen Sie den winterharten Kräuterpflanzen gute Lebensbedingungen für die anschließende Wachstumszeit.

Kräuter teilen

Zu große oder leicht wuchernde Kräuter wie Melisse und Pfefferminze können im Frühjahr (oder auch Herbst) geteilt und somit vermehrt werden. Dazu wird die Pflanze mit dem Wurzelballen ausgegraben und mit einem Spaten oder Messer geteilt. Die Teilstücke erholen sich schnell und wachsen gut eingepflanzt und angegossen im Gartenbeet anschließend weiter.

Eigene Jungpflanzen ziehen

Wenn Sie z. B. Petersilie, Schnittlauch oder Basilikum selbst aussäen wollen, können Sie mit der Aussaat ab Februar an einem sehr hellen Platz im Gewächshaus oder im Haus beginnen. Vereinzeln Sie die Jungpflanzen, wenn sie etwas größer geworden sind, d. h. wenn sich in der Regel drei pflanzentypische Blätter zeigen und setzen Sie diese ab Mai ins Freie. Wenn Sie die Aussaat direkt im Freien vornehmen wollen, empfiehlt sich dafür ebenfalls der Mai. Achten Sie auch bei der Anzucht Ihrer Kräuter auf ausreichende Beetabstände. Sie finden diese, neben weiteren wichtigen Kulturinformationen, in der Tabelle.

Kräuter aussäen und pflanzen

Deutscher Name	Botanischer Name	Aussaattermin	Saattiefe in cm	Reihen- und Pflanzabstand in cm	Lebensdauer	Besonderheiten
Basilikum	*Ocimum* ssp.	Voranzucht ab Februar, ab Mai ins Freiland	0,3–0,5	30 × 25 bis 40 × 25	einjährig	Lichtkeimer, sehr wärmebedürftig
Bohnenkraut	*Satureja hortensis*	ab April bis Juli	flache Ablage	30 × 25	einjährig	Lichtkeimer
Berg-Bohnenkraut	*Satureja montana*	Voranzucht ab März empfohlen	flache Ablage	30 × 25	mehrjährig	Lichtkeimer
Borretsch	*Borago officinalis*	April bis Juni	0,5–1	30 × 30 bis 30 × 40	einjährig	Dunkelkeimer
Dill	*Anethum graveolens*	ab April ins Freiland bis Juni	2–3	30 × 5–10	einjährig	Lichtkeimer
Kümmel	*Carum carvi*	Voranzucht ab März, sonst April bis Juni	1–2	30 × 10	einjährig, zweijährig	Lichtkeimer
Kerbel	*Anthriscus cerefolium*	März bis Juni	flache Ablage	30 × 5–10	einjährig	Lichtkeimer, feucht halten
Koriander	*Coriandrum sativum*	ab März bis April	1–2	30 × 10	einjährig	Drillen
Gewürz-Fenchel	*Foeniculum vulgare* ssp.	ab März bis April	1–2	30 × 25	einjährig, zweijährig	frostempfindlich
Lavendel	*Lavandula officinalis*	ab Februar zur Voranzucht	flache Ablage	30 × 25	mehrjährig	Wechseltemperaturen zur Keimung
Liebstöckel	*Levisticum officinale*	ab März zur Voranzucht	1–2	40–50	mehrjährig	Kulturnutzung 3 bis 4 Jahre
Majoran	*Origanum majorana*	April bis Mai	flache Ablage	30 × 25	einjährig	Lichtkeimer, wärme- und feuchtebedürftig
Oregano	*Origanum vulgare* ssp. *vulgare*	ab Februar zur Voranzucht	flache Ablage	30 × 25	mehrjährig	Lichtkeimer
Salbei	*Salvia officinalis*	ab März	1,5	30 × 25	mehrjährig	Lichtkeimer
Schnittlauch	*Allium schoenoprasum*	Voranzucht ab Februar, ab März bis Juli ins Freiland	2–2,5	30 × 25	mehrjährig	benötigt gute Wasserversorgung
Thymian	*Thymus vulgaris*	Voranzucht ab Mitte März	flache Ablage	30 × 25	mehrjährig	Lichtkeimer
Ysop	*Hyssopus officinalis*	Voranzucht ab Mitte März	flache Ablage	30 × 25	mehrjährig	Vorkultur empfohlen
Zitronenmelisse	*Melissa officinalis*	Voranzucht ab Mitte März	flache Ablage	30 × 25 bis 40 × 25	mehrjährig	Lichtkeimer, Jungpflanzen sind frostempfindlich

Kräuter aus dem Frühlingsgarten

Die ersten Kräuter lassen im Frühling nicht lange auf sich warten. Sie geben unseren Frühlingssalaten eine frische und blumige Note.

Bärlauch *(Allium ursinum)*

Er gehört zur Familie der Zwiebelgewächse und zur Gruppe der Blattpflanzen. Er wächst bevorzugt an halbschattigen Standorten im Schatten von Laubgehölzen auf humosem Boden mit hohem Nährstoffgehalt. Dann ist er anspruchslos in der Pflege und sehr ausbreitungswillig (bei Bedarf mit dem Spaten abstechen und so eindämmen). Wer ihn vermehren will, kauft am besten Zwiebeln und steckt sie im Herbst in die Erde. Geerntet werden die jungen frischen Blätter im Frühjahr, vor Erscheinen der Blüte (nicht mit Maiglöckchen verwechseln)! Er hilft aufgrund seiner ätherischen Öle und antibakteriellen Wirkung u. a. bei Magen-Darmstörungen.

Knoblauchsrauke *(Alliaria petiolata)*

Sie wird der Familie der Kreuzblütler zugeordnet und zählt zu den Blattpflanzen. In lichtem Schatten auf nährstoffreichen, humosen Böden wächst sie prima und kann dort im zeitigen Frühjahr direkt ausgesät werden. Wer etwas Geduld hat, kann nach 2 bis 3 Jahren mit einem dichten Pflanzenteppich rechnen, denn die Knoblauchsrauke versamt sich auch von alleine. Ausreichend gießen und gelegentlich Kompost beimischen, mehr braucht sie nicht.

Für die Ernte möglichst junge Blätter von April bis Juni fortlaufend abknipsen. Sie sind mit ihrem pfeffrig knoblauchartigen Geschmack eine Bereicherung von Salaten oder gehackt mit Butter ein aromatischer Brotbelag.

Gänseblümchen *(Bellis perennis)*

Die Blütenpflanzen gehören zur Familie der Korbblütler. Sie mögen sonnige Plätze mit nährstoffreichem Boden, aber keine Staunässe. Man kann sie im August pflanzen, dann verbreiten sie sich im Folgejahr meist von alleine durch Selbstaussaat und sind sehr ausbreitungswillig. Man kann sie mit dem Spaten eindämmen, abmähen fördert nur die Verbreitung! Die Ernte von Blättern ist fast ganzjährig möglich, Blüten und Blütenknospen ab etwa März.

Wilde Malve *(Malva sylvestris)*

Sie gehört zur Familie der Malvengewächse und wird den Blütenpflanzen zugeordnet. An sonnigen Plätzen mit trockenen, nährstoffreichen und stickstoffhaltigen Böden wächst sie hervorragend und versamt sich meist selbst. Sie ist sehr ausbreitungsfreudig, man kann sie aber auch ganzjährig direkt ins Beet säen. Pflege braucht sie kaum. Ihre Blätter kann man fortlaufend ernten, die Blüten von Mai bis September. Die Extrakte der Blüten und Blätter sind ein gutes Mittel gegen Atemwegsentzündungen

Guter Heinrich *(Chenopodium bonus-henricus)*

Das Gänsefußgewächs wird der Gruppe der Blattpflanzen zugeordnet. Es wächst an sonnigen Plätzen mit sandig-lehmigen Böden, die einen hohen Nährstoffgehalt aufweisen. Die Vermehrung ist durch Aussaat oder Teilung der Wurzelstöcke im Frühjahr möglich. Durch ausgiebiges Gießen und Düngen wird eine hohe Blattmasse produziert, die man im späten Frühjahr ernten kann, auch die Blüten und Sprosse sind essbar.

Schnittlauch *(Allium schoenoprasum)*

Das Amaryllisgewächs wird in die Gruppe der Blattpflanzen eingeordnet (Blatternte). Aber er bildet auch violette Blüten zwischen Mai und August (Blütenpflanze für Blütenernte). Das mehrjährige Küchenkraut mag sonnige Standorte mit mittlerem Nährstoffgehalt und braucht sonst kaum Pflege. Frische Stängel erntet man am besten vor der Blüte, diese ist auch essbar und eine hübsche Dekoration in Salaten. Die Vermehrung findet über Aussaat (auch Selbstaussaat) und Teilung der Wurzelstöcke statt.

Petersilie *(Petroselinum crispum)*

Die Blattpflanze in der Familie der Doldenblütler fühlt sich an sonnigen bis halbschattigen Standorten mit hohem Nährstoffgehalt und gleichmäßiger Wasserversorgung wohl. Die Blätter und Triebe des beliebten Küchenkrauts können von Mai bis Oktober bis zur Blüte im zweiten Jahr geerntet werden. In den Garten kommt es durch Aussaat von März bis Juni, es dauert recht lange, bis die Samen aufgehen!

Der Duft des Sommers

Von Juni bis August geben Kräuter unseren Gartenbeeten eine mediterrane Stimmung. Lavendel, Rosmarin, Thymian verzaubern Auge, Mund und Nase.

Oregano (*Origanum vulgare* ssp. *vulgare*)
Der Lippenblütler zeigt seine Blüten von Juli bis Oktober. Bei der Ernte liegt der Fokus zur Blütezeit auf den Blättern, daher zählt das Kraut zur Gruppe der Blattpflanzen. Es wächst gut auf sonnigen Plätzen mit nährstoffarmen, wenig feuchten Böden. Die Vermehrung gelingt über Aussaat im Frühsommer, Pflanzung ab Mai, Ausläufer oder Stecklinge. Durch vollständigen Rückschnitt im Frühjahr fördert man den buschigen Wuchs.

Lavendel *(Lavandula angustifolia)*

Die Blütenpflanze gehört ebenso zur Familie der Lippenblütler. An sonnigen Standorten mit nährstoffarmem Boden gedeiht sie optimal. Um sie in den Garten zu holen, pflanzt man am besten vitale Jungpflanzen oder nimmt Stecklinge, Absenker sind bei einigen Sorten ebenso möglich. In rauen Lagen brauchen die Kräuter Winterschutz, für eine gute Form werden sie alle 2 bis 3 Jahre auf ein Drittel im Frühjahr zurückgeschnitten. Die Blütenernte erfolgt von Juni bis August, sobald sich Knospen öffnen. Viele Verwendungsmöglichkeiten als beruhigender Badezusatz, Tee oder zum Aromatisieren von Speisen.

Rosmarin *(Salvia rosmarinus)*

Der Lippenblütler zeigt seine blauvioletten Blüten von März bis Mai. Er wächst ideal an einem sonnigen, warmen Standort mit mageren Böden ohne Staunässe. Um ihn in den Garten zu holen, am besten Jungpflanzen kaufen und ab Mai einpflanzen. Seine immergrünen Triebspitzen können ab Mai für mediterrane Gerichte geerntet werden und lassen sich gut trocknen.

Garten-Thymian *(Thymus vulgaris)*
Lippenblütler und Blattpflanze, die einen sonnigen Standort mit durchlässigen sandig-lehmigen Böden bevorzugt. Man kann sie ab April direkt ins Beet säen oder Jungpflanzen kaufen. Ab und zu mit Kompost versorgen und im Winter mit Reisig o. Ä. schützen. Nach etwa 4 Jahren kann man das immergrüne „Minigehölz“ durch Teilung verjüngen und vermehren. Zum Ernten können ab Mai / Juni die Blätter und Triebspitzen fortlaufend geschnitten werden, sie lassen sich auch super trocknen. Probieren Sie einen Mix aus verschiedenen Arten / Sorten, um einen Eindruck der Thymianvielfalt zu bekommen.

Echter Salbei *(Salvia officinalis)*
Blattpflanze aus der Pflanzenfamilie der Lippenblütler, deren Blätter in mediterranen Gerichten und Heilteils gegen Halsschmerzen und Verdauungsbeschwerden Verwendung finden. Die hübschen blau-violetten Blüten erscheinen von Juni bis August. An einem sonnigen Standort mit sandig-lehmiger Erde und mittlerem Nährstoffgehalt fühlt sich der Salbei wohl, im Winter braucht er in rauen Lagen Schutz durch Reisig o. Ä. Im Herbst oder Frühjahr wird er bis zum alten Holz zurückgeschnitten. Die Aussaat erfolgt ab März direkt ins Beet, Stecklinge können im Frühsommer geschnitten werden.

Borretsch *(Borago officinalis)*

Ein hübsches Raublattgewächs, das zur Gruppe der Blatt- und Blütenpflanzen gehört (je nach Verwendung). Durch Aussaat im April kommt es in den Garten, dann vermehrt es sich meist durch Selbstaussaat zügig im Beet (stetes Auslichten der Sämlinge empfehlenswert). Von Mai bis August können Sie fortlaufend Blätter und Blüten ernten, die zur Verfeinerung verschiedener Speisen dienen.

Pfefferminze (*Mentha × piperita*)
Blattpflanze aus der Familie der Lippenblütler mit rosafarbenen Blüten von Juli bis September. Das mehrjährige Tee- und Küchenkraut wächst üppig an sonnigen Standorten mit nährstoffreichen sandighumosen Erden, Staunässe und Ballentrockenheit sollten vermieden werden. Da es zum Wuchern neigt, sollte es in Beeten in eingesenkte Töpfe gepflanzt werden. Vermehrt wird die Pfefferminze ganz einfach über Ausläufer und Teilung, es gibt sie in unzähligen Sorten: Von Apfel-Minze bis Ananas-Minze, Krause Minze, Marokkanische Minze, Türkische Minze etc., für jeden Geschmack ist etwas dabei.

Zitronenmelisse *(Melissa officinalis)*

Blattpflanze aus der Familie der Lippenblütler mit unscheinbaren Blüten von Juni bis August. Das mehrjährige Tee- und Küchenkraut ist anpassungsfähig, bevorzugt aber einen sonnigen Standort mit durchlässiger Erde mit mittlerem Nährstoffgehalt. Geben Sie ihr einen warmen, geschützten Platz. In rauen Lagen ist Winterschutz empfehlenswert. Der oberirdische Teil kann im späten Herbst zurückgeschnitten werden, die Pflanze neigt an ihr zusagenden Plätzen zum Wuchern und breitet sich so überall im Garten aus.

Weitere Kräuter aus dem Sommergarten:
Majoran (Erntezeit ab Mai), Mädesüß (Erntezeit Juni bis August / September), Currykraut (Erntezeit Mai bis Juni), Kamille (Erntezeit Mai bis September), Liebstöckel (Erntezeit Juni bis August / September), Ringelblume (Erntezeit Juni bis September / Oktober)

Kräuter aus dem Herbstgarten

Im Herbst erfreuen uns viele Kräuter mit ihren tollen Samen und Fruchtständen. Wenn wir nicht alle direkt verbrauchen, können wir die Samen für das nächste Jahr verwahren.

Bohnenkraut *(Satureja)*

Lippenblütler und Blattpflanze. Es gibt viele Sorten und Arten wie Sommer-, Zitronen-, Berg- und Purpur-Bohnenkraut. Die zahlreichen kleinen Blüten erscheinen von Juli bis Oktober. Verwendet werden die jungen Blätter und Triebspitzen zum Würzen von Fleisch und Gemüse wie Bohnen oder Kartoffeln, am besten vor der Blüte schneiden. Wirkt verdauungsfördernd. Durch Aussaat holt man es sich in Gärten mit nährstoffreichen Böden, in Trockenperioden regelmäßig gießen.

Eberraute *(Artemisia abrotanum)*
Blattpflanze aus der Familie der Korbblütler mit charakteristischen gefiederten wintergrünen Blättern, die bis 150 cm hoch werden kann. Sie gedeiht am besten auf trockenen, durchlässigen und kalkhaltigen Böden. Im Herbst kann man sie teilen. Die jungen Triebspitzen des Heil- und Würzkrauts können von Juli bis Oktober geerntet werden. Sparsam einsetzen.

Gewürz-Fenchel (*Foeniculum vulgare* ssp. *vulgare* var. *dulce*)
Fruchtpflanze aus der Familie der Doldenblütler. Die zweijährige bis 180 cm hohe Gewürz- und Heilpflanze wird im Frühjahr ausgesät oder kann durch Wurzelteilung im Herbst vermehrt werden. Sie braucht einen warmen Standort mit nährstoffreichen Böden. Die Blätter kann man den ganzen Sommer ernten (Salatgewürz, Kräuterbutter, Beilage zu Fisch), Samen im August / September (für Brot, Gebäck, Tee, Fisch).

Dill *(Anethum graveolens)*

Ebenfalls Doldenblütler und Blatt- bzw. Fruchtpflanze. Die Blätter und Samen sind vielfältig verwendbar: Samen für Tees, Gewürzmischungen, Gurkeneinlegen, die Blätter für Fischgerichte, Salate, Soßen, Kräuterquark. Die Erntezeit für Samen ist von Juli bis September, die Blätter fortlaufend bis zum ersten Frost. Durch Direktsaat von April bis Juni holt man ihn ins Gartenbeet, danach sät sich Dill meist selbst aus. Regelmäßig gießen und Boden lockern.

Aussaattage 2027

JANUAR

1	Fr	Neujahr	SA: 8.24 SU: 16.35	mm
2	Sa			mm
3	So			mm
4	Mo		SA: 8.21 SU: 16.38	mm
5	Di	**Pflanzzeit endet um 21.46 Uhr**		mm
6	Mi	Heilige Drei Könige		mm
7	Do			mm
8	Fr			mm
9	Sa			mm
10	So			mm
11	Mo		SA: 8.19 SU: 16.47	mm
12	Di			mm
13	Mi			mm
14	Do			mm
15	Fr			mm
16	Sa			mm

	So	17
mm SA: 8.13 SU: 16.57	Mo	18
	Di	19
Pflanzzeit beginnt um 0.16 Uhr	Mi	20
	Do	21
	Fr	22
	Sa	23
	So	24
mm SA: 8.06 SU: 17.08	Mo	25
	Di	26
	Mi	27
	Do	28
	Fr	29
	Sa	30
	So	31

Tag		Tierkreiszeichen-Wechsel	Mondereignis	Pflanzzeit	Pflanzenteil 1	Pflanzenteil 2
1	Fr			Pflanzzeit		
2	Sa	ab 6.00		Pflanzzeit	bis 4.30	ab 7.30
3	So	ab 19.00		Pflanzzeit	bis 17.30	ab 20.30
4	Mo			Pflanzzeit		
5	Di			Pflanzzeit		
6	Mi	ab 8.00			bis 6.30	ab 9.30
7	Do		Ag 9.11		(außer 7.15 bis 12.15)	
8	Fr	ab 21.00			bis 19.30	ab 22.30
9	Sa					
10	So		☊ 16.58		(außer 15.00 bis 19.00)	
11	Mo	ab 5.00			bis 3.30	ab 6.30
12	Di					
13	Mi	ab 6.00			bis 4.30	ab 7.30
14	Do					
15	Fr					
16	Sa	ab 5.			bis 3	ab 6.

17	18	19	20	21	22	23	24	25	26	27	28	29	30	31
					ab 6.00				ab 1.00					
23.00			ab 10.00			ab 15.00						ab 13.00		ab 2.00
				Pg 22.49		☊ 18.26								
17 So	18 Mo	19 Di	20 Mi	21 Do	22 Fr	23 Sa	24 So	25 Mo	26 Di	27 Mi	28 Do	29 Fr	30 Sa	31 So
			Pflanzzeit											
21.30	ab 0.30		bis 8.30	bis 11.00	ab 11.00	bis 13.30		bis 23.30	ab 2.30			bis 11.30		bis 0.30
–			ab 11.30			ab 20.30						ab 14.30		ab 3.30

FEBRUAR

1	Mo		SA: 7.57 SU: 17.20
2	Di	Mariä Lichtmess **Pflanzzeit endet um 3.38 Uhr**	
3	Mi		
4	Do	Weiberfastnacht	
5	Fr		
6	Sa		
7	So		
8	Mo	Rosenmontag	SA: 7.46 SU: 17.32
9	Di	Fastnacht	
10	Mi	Aschermittwoch	
11	Do		
12	Fr		
13	Sa		
14	So	Valentinstag	
15	Mo		SA: 7.34 SU: 17.44
16	Di	**Pflanzzeit beginnt um 9.00 Uhr**	

(Each day row includes a thermometer field and weather boxes with "mm".)

mm		Mi	17
mm		Do	18
mm		Fr	19
mm		Sa	20
mm		So	21
mm	SA: 7.21 SU: 17.56	Mo	22
mm	Radieschenaussaat im Gewächshaus	Di	23
mm		Mi	24
mm		Do	25
mm		Fr	26
mm	Frühen Kopfsalat und ersten Spinat säen	Sa	27
mm		So	28

FEBRUAR

Tag		Mondzeichen	Hinweise	Zeiten	Zeiten
1	Mo				
2	Di	ab 14.00	Aufst. Merkurknoten 17.00	bis 11.00	ab 23.00
3	Mi		Ag 14.31	(außer 12.30 bis 17.30)	
4	Do				
5	Fr	ab 3.00		bis 1.30	ab 4.30
6	Sa		☊ 22.44	bis 20.45	
7	So	ab 11.00		ab 0.45 bis 9.30	ab 12.30
8	Mo				
9	Di	ab 12.00		bis 10.30	ab 13.30
10	Mi				
11	Do				
12	Fr	ab 11.00		bis 9.30	ab 12.30
13	Sa				
14	So	ab 6.00		bis 4.30	ab 7.30
15	Mo				
16	Di	ab 19.		bis 17	ab 2

17 Mi	18 Do	19 Fr	20 Sa	21 So	22 Mo	23 Di	24 Mi	25 Do	26 Fr	27 Sa	28 So
	ab 17.00		ab 3.00		ab 12.00			ab 21.00		ab 9.00	
		Pg 8.30	☋ 5.40								

Pflanzzeit

17 Mi	18 Do	19 Fr	20 Sa	21 So	22 Mo	23 Di	24 Mi	25 Do	26 Fr	27 Sa	28 So
	bis 15.30	ab 20.30	bis 1.30		bis 10.30			bis 19.30		bis 7.30	
	ab 18.30 bis 20.30		ab 7.45		ab 13.30			ab 22.30		ab 10.30	

MÄRZ

1	Mo	**Pflanzeit endet um 10.42 Uhr** SA: 7.07 SU: 18.08	mm
2	Di		mm
3	Mi		mm
4	Do		mm
5	Fr		mm
6	Sa		mm
7	So		mm
8	Mo	Internationaler Frauentag SA: 6.52 SU: 18.19	mm
9	Di		mm
10	Mi		mm
11	Do		mm
12	Fr		mm
13	Sa		mm
14	So		mm
15	Mo	**Pflanzzeit beginnt um 15.15 Uhr** SA: 6.37 SU: 18.30	mm
16	Di		mm

___ mm		Mi	17
___ mm		Do	18
___ mm	Josefstag	Fr	19
___ mm	Frühlingsanfang Dicke Bohnen direkt ins Beet säen Tomaten und Paprika auf der Fensterbank vorziehen	Sa	20
___ mm	Palmsonntag	So	21
___ mm	Frühe Möhren im Beet aussäen SA: 6.22 SU: 18.42	Mo	22
___ mm		Di	23
___ mm		Mi	24
___ mm	Gründonnerstag Hinweis: Nach Maria Thun ruhen an den Kartagen die Gartenarbeiten!	Do	25
___ mm	Karfreitag	Fr	26
___ mm	Karsamstag	Sa	27
___ mm	Ostersonntag **Beginn der Sommerzeit** – Uhren um 2.00 Uhr auf 3.00 Uhr vorstellen. **Pflanzzeit endet um 19.43 Uhr**	So	28
___ mm	Ostermontag SA: 7.06 SU: 19.53	Mo	29
___ mm		Di	30
___ mm		Mi	31

MÄRZ

1	Mo	ab 21.00		bis 19.30	ab 22.30
2	Di				
3	Mi		Ag 6.41	(außer 4.45 bis 9.45)	
4	Do	ab 10.00		bis 8.30	ab 11.30
5	Fr				
6	Sa	ab 18.00	☊ 5.41	bis 16.30 (außer 3.45 bis 7.45)	ab 19.30
7	So				
8	Mo	ab 18.00		bis 16.30	ab 19.30
9	Di				
10	Mi				
11	Do	ab 17.00	Aufst. Merkurknoten 23.00	bis 15.30	–
12	Fr			ab 5.00	
13	Sa	ab 11.00	Abst. Venusknoten 13.00	bis 1.00	–
14	So			ab 1.00	
15	Mo				
16	Di	ab 2.0		bis 0.3	ab 3.3

17 Mi	18 Do	19 Fr	20 Sa	21 So	22 Mo	23 Di	24 Mi	25 Do	26 Fr	27 Sa	28 So	29 Mo	30 Di	31 Mi
	ab 1.00	ab 12.00		ab 22.00				ab 7.00	ab 18.00			ab 6.00		ab 19.00
		Pg 5.31 ☋ 14.05											Aufst. Merkurknoten 17.00	Ag 3.33

Pflanzeit (17.–28.)

17 Mi	18 Do	19 Fr	20 Sa	21 So	22 Mo	23 Di	24 Mi	25 Do	26 Fr	27 Sa	28 So	29 Mo	30 Di	31 Mi
23.30	ab 2.30 bis 17.30	–		bis 20.30				bis 5.30	bis 16.30			bis 4.30	(außer 11.00 bis 23.00)	bis 17.30 (außer 1.30 bis 6.30)
		ab 17.30		ab 23.30				ab 8.30	ab 19.30			ab 7.30		ab 20.30

APRIL

1	Do		SA: 7.06 SU: 19.53
2	Fr		
3	Sa		
4	So	Weißer Sonntag	
5	Mo		SA: 6.51 SU: 20.04
6	Di		
7	Mi		
8	Do		
9	Fr		
10	Sa		
11	So	**Pflanzzeit beginnt um 21.29 Uhr**	
12	Mo		SA: 6.36 SU: 20.15
13	Di		
14	Mi		
15	Do		
16	Fr	Erbsen draußen aussäen	

	Notiz	Tag	Datum
mm		Sa	17
mm		So	18
mm	Zwiebeln stecken SA: 6.22 SU: 20.26	Mo	19
mm		Di	20
mm		Mi	21
mm		Do	22
mm		Fr	23
mm		Sa	24
mm	**Pflanzzeit endet um 3.45 Uhr**	So	25
mm	SA: 6.08 SU: 20.37	Mo	26
mm		Di	27
mm		Mi	28
mm		Do	29
mm	Walpurgisnacht	Fr	30

APRIL

		ab 3.00		ab 3.00			ab 1.00	ab 19.00			ab 8.00		ab 8.00	ab 19.00	
	☊ 12.17												Pg 2.41	☋ 18.31	
1 Do	**2** Fr	**3** Sa	**4** So	**5** Mo	**6** Di	**7** Mi	**8** Do	**9** Fr	**10** Sa	**11** So	**12** Mo	**13** Di	**14** Mi	**15** Do	**16** Fr
										Pflanzzeit					
	(außer 10.15 bis 14.15)	bis 1.30		bis 1.30		bis 23.30	ab 2.30	bis 17.30			bis 6.30	bis 14.45	–	bis 16.30	
		ab 4.30		ab 4.30				ab 20.30			ab 9.30		ab 14.45	ab 20.30	

17 Sa	18 So	19 Mo	20 Di	21 Mi	22 Do	23 Fr	24 Sa	25 So	26 Mo	27 Di	28 Mi	29 Do	30 Fr
	ab 7.00			ab 17.00		ab 4.00		ab 14.00			ab 3.00		ab 11.00
										Ag 23.21		☊ 15.24	
Pflanzzeit	Pflanzzeit	Pflanzzeit	Pflanzzeit	Pflanzzeit	Pflanzzeit	Pflanzzeit	Pflanzzeit	Pflanzzeit					
	bis 5.30			bis 15.30		bis 2.30		bis 12.30		bis 21.30	–	(außer 13.30 bis 17.30)	bis 9.30
	ab 8.30			ab 18.30		ab 5.30		ab 15.30			ab 4.30		ab 12.30

MAI

1	Sa	Maifeiertag Staatsfeiertag (A) SA: 6.08 SU: 20.37	mm
2	So		mm
3	Mo	SA: 5.56 SU: 20.48	mm
4	Di		mm
5	Mi		mm
6	Do	Christi Himmelfahrt / Vatertag Auffahrt (CH)	mm
7	Fr		mm
8	Sa		mm
9	So	Muttertag **Pflanzzeit beginnt um 3.45 Uhr**	mm
10	Mo	SA: 5.44 SU: 20.58	mm
11	Di	Mamertus (Eisheiliger) Rosenkohl aussäen ab 14.00 Uhr	mm
12	Mi	Pankratius (Eisheiliger)	mm
13	Do	Servatius (Eisheiliger)	mm
14	Fr	Bonifatius (Eisheiliger) Buschbohnen legen	mm
15	Sa	Kalte Sophie (Eisheilige)	mm
16	So	Pfingstsonntag	mm

mm	SA: 5.34 SU: 21.09	Pfingstmontag	Mo	17
mm			Di	18
mm			Mi	19
mm		Grünkohl aussäen ab 13.30 Uhr	Do	20
mm			Fr	21
mm		**Pflanzzeit endet um 10.52 Uhr**	Sa	22
mm			So	23
mm	SA: 5.25 SU: 21.18		Mo	24
mm			Di	25
mm			Mi	26
mm		Fronleichnam	Do	27
mm			Fr	28
mm			Sa	29
mm			So	30
mm	SA: 5.19 SU: 21.26		Mo	31

MAI

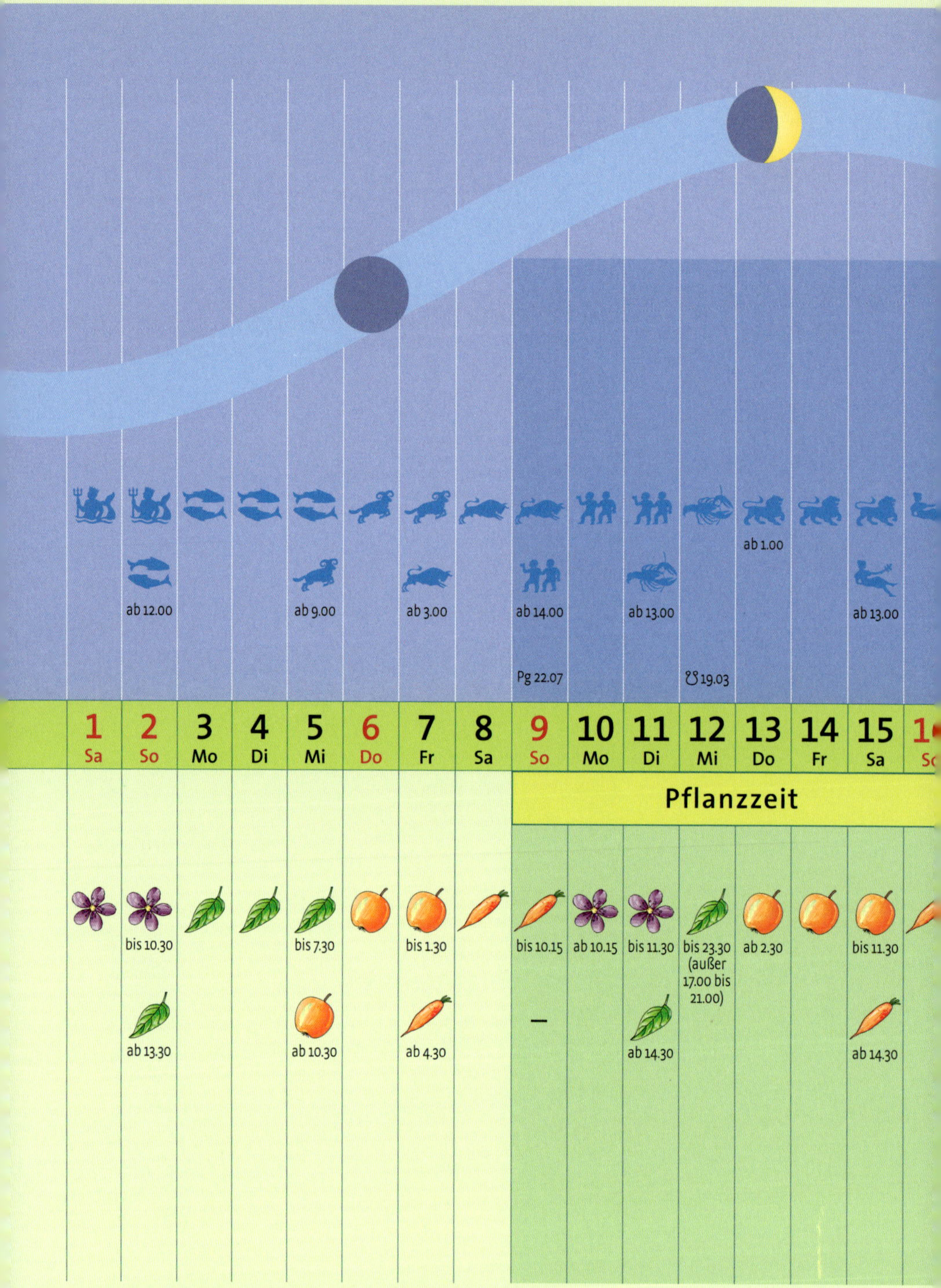
ab 12.00
ab 9.00
ab 3.00
ab 14.00
Pg 22.07
ab 13.00
☋ 19.03
ab 1.00
ab 13.00
1 Sa
2 So
3 Mo
4 Di
5 Mi
6 Do
7 Fr
8 Sa
9 So
10 Mo
11 Di
12 Mi
13 Do
14 Fr
15 Sa
Pflanzzeit
bis 10.30
ab 13.30
bis 7.30
ab 10.30
bis 1.30
ab 4.30
bis 10.15
–
ab 10.15
bis 11.30
ab 14.30
bis 23.30 (außer 17.00 bis 21.00)
ab 2.30
bis 11.30
ab 14.30

17 Mo	18 Di	19 Mi	20 Do	21 Fr	22 Sa	23 So	24 Mo	25 Di	26 Mi	27 Do	28 Fr	29 Sa	30 So	31 Mo
		ab 0.00	ab 12.00		ab 22.00			ab 10.00		ab 19.00		ab 21.00		
								Ag 17.13	☊ 17.22					
Pflanzzeit														
		bis 22.30	ab 1.30 bis 10.30		bis 20.30			bis 8.30	(außer 15.30 bis 19.30)	bis 17.30		bis 19.30		
		–	ab 13.30		ab 23.30			ab 11.30 (außer 15.15 bis 20.15)		ab 20.30		ab 22.30		

JUNI

1	Di	Internationaler Kindertag SA: 5.19 SU: 21.26
2	Mi	
3	Do	
4	Fr	
5	Sa	**Pflanzzeit beginnt um 12.02 Uhr**
6	So	
7	Mo	SA: 5.14 SU: 21.33
8	Di	
9	Mi	
10	Do	
11	Fr	
12	Sa	
13	So	
14	Mo	Lagermöhren aussäen SA: 5.12 SU: 21.38
15	Di	
16	Mi	

mm		Do	17
mm	**Pflanzzeit endet um 16.51 Uhr**	Fr	18
mm		Sa	19
mm		So	20
mm	Sommeranfang / Sommersonnenwende SA: 5.13 SU: 21.40	Mo	21
mm		Di	22
mm		Mi	23
mm	Johannistag	Do	24
mm		Fr	25
mm		Sa	26
mm	Siebenschläfer	So	27
mm	SA: 5.15 SU: 21.41	Mo	28
mm	Peter und Paul	Di	29
mm		Mi	30

JUNI

1 Di	2 Mi	3 Do	4 Fr	5 Sa	6 So	7 Mo	8 Di	9 Mi	10 Do	11 Fr	12 Sa	13 So	14 Mo	15 Di	16 Mi
ab 19.00		ab 12.00		ab 23.00		ab 20.00		ab 7.00		ab 19.00				ab 6.00	ab 18.
					Pg 16.54	Abst. Merkur-knoten 0.00	☋ 21.23								
				Pflanzzeit											
bis 17.30		bis 10.30		bis 21.30	ab 0.30 bis 5.00	ab 5.00 bis 18.00	ab 6.00 (außer 19.30 bis 23.30)	bis 5.30		bis 17.30				bis 4.30	bis 16.
ab 20.30		ab 13.30		–		–		ab 8.30		ab 20.30				ab 7.30	ab 19.

Tag		Zeit	Hinweis	Zeit	Zeit
17	Do				
18	Fr				
19	Sa	ab 5.00		bis 3.30	ab 6.30
20	So				
21	Mo	ab 17.00		bis 15.30	ab 18.30
22	Di		Ag 7.08 ☊ 20.25	(außer 5.15 bis 10.15; außer 18.30 bis 22.30)	
23	Mi				
24	Do	ab 2.00		bis 0.30	ab 3.30
25	Fr				
26	Sa	ab 4.00		bis 2.30	ab 5.30
27	So				
28	Mo				
29	Di	ab 4.00		bis 2.30	ab 5.30
30	Mi	ab 22.00		bis 20.30	ab 23.30

JULI

Tag		Notizen	Sonne	Niederschlag
1	Do		SA: 5.15 SU: 21.41	mm
2	Fr	**Pflanzzeit beginnt um 21.52 Uhr**		mm
3	Sa			mm
4	So			mm
5	Mo		SA: 5.20 SU: 21.39	mm
6	Di			mm
7	Mi			mm
8	Do			mm
9	Fr			mm
10	Sa			mm
11	So			mm
12	Mo		SA: 5.27 SU: 21.34	mm
13	Di			mm
14	Mi			mm
15	Do	**Pflanzzeit endet um 22.16 Uhr**		mm
16	Fr			mm

JULI

mm		Sa	17
mm		So	18
mm	SA: 5.34 SU: 21.28	Mo	19
mm		Di	20
mm		Mi	21
mm		Do	22
mm	Beginn der Hundstage	Fr	23
mm		Sa	24
mm		So	25
mm	SA: 5.43 SU: 21.19	Mo	26
mm		Di	27
mm		Mi	28
mm		Do	29
mm	**Pflanzzeit beginnt um 7.47 Uhr**	Fr	30
mm		Sa	31

JULI

Pflanzzeit (2 Fr – 15 Do)

Tag		Tierkreis	Hinweis	Pflanzung 1	Pflanzung 2
1	Do				
2	Fr				
3	Sa	ab 9.00		bis 7.30	ab 10.30
4	So		Aufst. Venusknoten 17.00, Pg 22.55	bis 5.00	
5	Mo	ab 6.00		–	ab 11.00
6	Di	ab 16.00	☋ 4.14	bis 14.30 (außer 2.15 bis 6.15)	ab 17.30
7	Mi				
8	Do				
9	Fr	ab 2.00		bis 0.30	ab 3.30
10	Sa				
11	So				
12	Mo	ab 12.00		bis 10.30	ab 13.30
13	Di				
14	Mi	ab 0.00		bis 22.30	–
15	Do			ab 1.30	
16	Fr	ab 11.(		bis 9.3	ab 12

17 Sa	18 So	19 Mo	20 Di	21 Mi	22 Do	23 Fr	24 Sa	25 So	26 Mo	27 Di	28 Mi	29 Do	30 Fr	31 Sa
		ab 0.00		ab 9.00		ab 11.00			ab 12.00		ab 7.00		ab 20.00	
		Ag 13.52	☊ 1.33							Aufst. Merkurknoten 16.00				
		bis 22.30 (außer 12.00 bis 17.00) —	ab 3.30	bis 7.30		bis 9.30			bis 10.30	(außer 10.00 bis 22.00)	bis 5.30		bis 18.30	
				ab 10.30		ab 12.30			ab 13.30		ab 8.30		ab 21.30	

AUGUST

1	So	Nationalfeiertag (CH)	SA: 5.52 SU: 21.11
2	Mo		SA: 5.53 SU: 21.09
3	Di		
4	Mi		
5	Do		
6	Fr	Winterrettich und Weiße Rüben aussäen	
7	Sa		
8	So	Friedensfest	SA: 6.03 SU: 20.57
9	Mo		
10	Di		
11	Mi	Feldsalat und Herbstspinat aussäen	
12	Do	**Pflanzzeit endet um 4.05 Uhr**	
13	Fr		
14			
15	So	Mariä Himmelfahrt	
16	Mo		SA: 6.14 SU: 20.44

mm		Di 17
mm		Mi 18
mm		Do 19
mm		Fr 20
mm		Sa 21
mm		So 22
mm	Ende der Hundstage SA: 6.24 SU: 20.31	Mo 23
mm		Di 24
mm		Mi 25
mm	**Pflanzzeit beginnt um 16.14 Uhr**	Do 26
mm		Fr 27
mm		Sa 28
mm		So 29
mm	SA: 6.35 SU: 20.16	Mo 30
mm		DI 31

AUGUST

Tag	Tierkreis	Hinweise	Pflanzzeit	Pflanzen
1 So	ab 17.00		Pflanzzeit	bis 15.30; ab 18.30 bis 20.30
2 Mo		Pg 8.28 ☋14.33	Pflanzzeit	ab 20.30
3 Di	ab 2.00		Pflanzzeit	bis 0.30; ab 3.30
4 Mi			Pflanzzeit	
5 Do	ab 10.00		Pflanzzeit	bis 8.30; ab 11.30
6 Fr			Pflanzzeit	
7 Sa			Pflanzzeit	
8 So	ab 18.00		Pflanzzeit	bis 16.30; ab 19.30
9 Mo			Pflanzzeit	
10 Di	ab 6.00		Pflanzzeit	bis 4.30; ab 7.30
11 Mi		Aufst. Marsknoten 16.00	Pflanzzeit	bis 4.00
12 Do	ab 17.00		Pflanzzeit	ab 4.00 bis 15.30; ab 18.30
13 Fr				
14 Sa				
15 So	ab 6.00	Ag 16.23		bis 4.30; ab 7.30 (außer 14.30 bis 19.30)
16 Mo		☊7.		(auß 6.00 10.0

7 i	18 Mi	19 Do	20 Fr	21 Sa	22 So	23 Mo	24 Di	25 Mi	26 Do	27 Fr	28 Sa	29 So	30 Mo	31 Di
.00		ab 17.00			ab 18.00		ab 14.00			ab 5.00		ab 3.00	ab 13.00 ☋1.01 Pg 17.36	
									Pflanzzeit					
3.30		bis 15.30			bis 16.30		bis 12.30			bis 3.30		bis 1.30	ab 3.00 bis 5.45	ab 5.45
5.30		ab 18.30			ab 19.30		ab 15.30			ab 6.30		ab 4.30 bis 23.00	–	

SEPTEMBER

1	Mi	SA: 6.35 SU: 20.16	mm
2	Do		mm
3	Fr		mm
4	Sa		mm
5	So		mm
6	Mo	SA: 6.45 SU: 20.01	mm
7	Di		mm
8	Mi	Mariä Geburt **Pflanzzeit endet um 10.57 Uhr**	mm
9	Do		mm
10	Fr		mm
11	Sa		mm
12	So		mm
13	Mo	SA: 6.56 SU: 19.46	mm
14	Di		mm
15	Mi		mm
16	Do		mm

	Fr	17
	Sa	18
	So	19
Weltkindertag SA: 7.06 SU: 19.30	Mo	20
	Di	21
Pflanzzeit beginnt um 22.34 Uhr	Mi	22
Herbstanfang	Do	23
	Fr	24
	Sa	25
	So	26
SA: 7.17 SU: 19.15	Mo	27
	Di	28
	Mi	29
	Do	30

mm

SEPTEMBER

	1 Mi	2 Do	3 Fr	4 Sa	5 So	6 Mo	7 Di	8 Mi	9 Do	10 Fr	11 Sa	12 So	13 Mo	14 Di	15 Mi	1[6] D[o]
	ab 21.00				ab 3.00	ab 14.00			ab 0.00		ab 12.00		ab 21.00		ab 23.00	
			Abst. Merkurknoten 23.00									Ag 1.39 ☊ 13.26				
	Pflanzzeit															
	bis 19.30		bis 17.00	ab 5.00	bis 1.30	bis 12.30			bis 22.30	ab 1.30	bis 10.30	ab 4.45 (außer 11.30 bis 15.30)	bis 19.30		bis 21.30	ab
	ab 22.30				ab 4.30	ab 15.30			–		ab 13.30 bis 23.45		ab 22.30		–	

17 Fr	18 Sa	19 So	20 Mo	21 Di	22 Mi	23 Do	24 Fr	25 Sa	26 So	27 Mo	28 Di	29 Mi	30 Do
		ab 0.00	ab 20.00			ab 12.00		ab 11.00	ab 22.00			ab 7.00	
									☋8.04	Pg 22.12			
					Pflanzzeit								
		bis 22.30	ab 1.30 bis 18.30			bis 10.30		bis 9.30	bis 20.30 (außer 6.00 bis 10.00)	bis 10.15	ab 10.15	bis 5.30	
		–	ab 21.30			ab 13.30		ab 12.30	ab 23.30			ab 8.30	

OKTOBER

1	Fr		SA: 7.25 SU: 19.06	mm
2	Sa			mm
3	So	Tag der Deutschen Einheit Erntedankfest		mm
4	Mo	Winterspinat und letzten Feldsalat aussäen	SA: 7.28 SU: 19.00	mm
5	Di	**Pflanzzeit endet um 18.54 Uhr**		mm
6	Mi			mm
7	Do			mm
8	Fr			mm
9	Sa			mm
10	So			mm
11	Mo		SA: 7.39 SU: 18.45	mm
12	Di			mm
13	Mi			mm
14	Do			mm
15	Fr			mm
16	Sa			mm

	So	17
SA: 7.50 SU: 18.30	Mo	18
Ernte von Wurzellagergemüse	Di	19
Pflanzzeit beginnt um 3.41 Uhr	Mi	20
	Do	21
	Fr	22
	Sa	23
	So	24
SA: 8.01 SU: 18.17	Mo	25
Nationalfeiertag (A)	Di	26
	Mi	27
	Do	28
	Fr	29
	Sa	30
Reformationstag / Halloween **Ende der Sommerzeit** Uhren um 3.00 Uhr auf 2.00 Uhr zurückstellen	So	31

Each day row: mm

OKTOBER

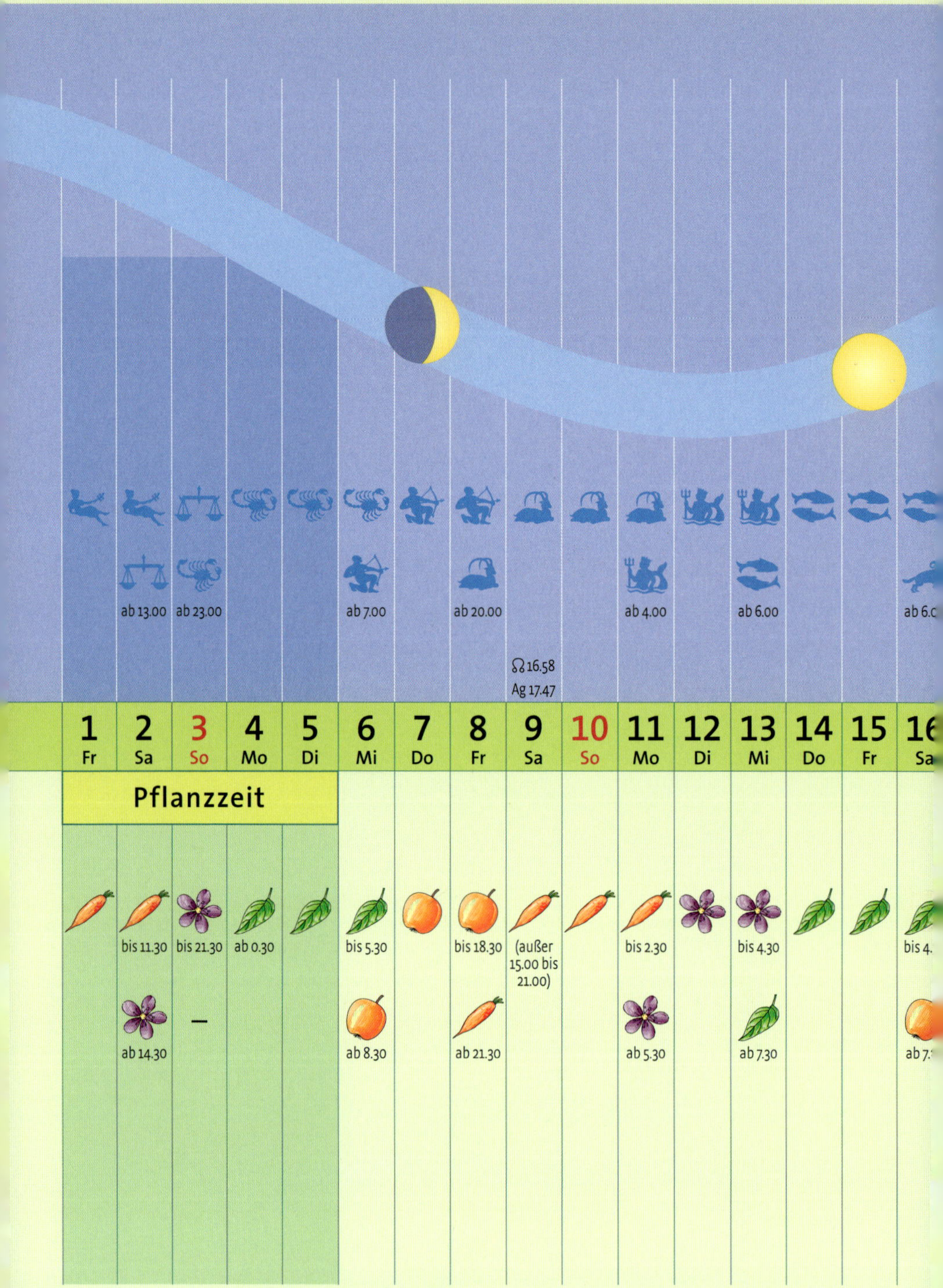
ab 13.00
ab 23.00
ab 7.00
ab 20.00
ab 4.00
ab 6.00
☊ 16.58
Ag 17.47
1 Fr
2 Sa
3 So
4 Mo
5 Di
6 Mi
7 Do
8 Fr
9 Sa
10 So
11 Mo
12 Di
13 Mi
14 Do
15 Fr
Pflanzzeit
bis 11.30
bis 21.30
ab 0.30
bis 5.30
bis 18.30
(außer 15.00 bis 21.00)
bis 2.30
bis 4.30
ab 14.30
–
ab 8.30
ab 21.30
ab 5.30
ab 7.30

17 So	18 Mo	19 Di	20 Mi	21 Do	22 Fr	23 Sa	24 So	25 Mo	26 Di	27 Mi	28 Do	29 Fr	30 Sa	31 So
	ab 2.00		ab 17.00		ab 17.00		ab 5.00		ab 16.00			ab 22.00		ab 7.00
						☋ 10.15 Aufst. Merkurknoten 15.00	Abst. Venusknoten 6.00	Pg 7.36						
			Pflanzzeit											
	bis 0.30		bis 15.30		bis 15.30	bis 8.15	–	ab 19.45	bis 14.30			bis 21.30		bis 5.30
	ab 3.30		ab 18.30		ab 18.30		ab 18.00 bis 19.45		ab 17.30			ab 23.30		ab 8.30

NOVEMBER

1	Mo	Allerheiligen	SA: 7.13 SU: 17.04	mm
2	Di	Allerseelen **Pflanzzeit endet um 2.17 Uhr**		mm
3	Mi			mm
4	Do			mm
5	Fr			mm
6	Sa			mm
7	So			mm
8	Mo		SA: 7.24 SU: 16.53	mm
9	Di			mm
10	Mi			mm
11	Do	Martinstag		mm
12	Fr			mm
13	Sa			mm
14	So	Volkstrauertag		mm
15	Mo		SA: 7.36 SU: 16.43	mm
16	Di	**Pflanzzeit beginnt um 8.40 Uhr**		mm

mm	Buß- und Bettag	Mi 17
mm		Do 18
mm		Fr 19
mm		Sa 20
mm	Totensonntag	So 21
mm	SA: 7.47 SU: 16.35	Mo 22
mm		Di 23
mm		Mi 24
mm		Do 25
mm		Fr 26
mm		Sa 27
mm	1. Advent	So 28
mm	**Pflanzzeit endet um 10.11 Uhr** SA: 7.57 SU: 16.29	Mo 29
mm		Di 30

NOVEMBER

	1 Mo	2 Di	3 Mi	4 Do	5 Fr	6 Sa	7 So	8 Mo	9 Di	10 Mi	11 Do	12 Fr	13 Sa	14 So	15 Mo	16 Di
		ab 15.00			ab 3.00		ab 11.00		ab 13.00			ab 13.00		ab 8.00		ab 22.0
					☊ 17.54	Ag 12.37										
		bis 13.30			bis 1.30	(außer 10.45 bis 15.45)	bis 9.30		bis 11.30			bis 11.30		bis 6.30		bis 20.3
		ab 16.30			ab 4.30 (außer 16.00 bis 20.00)		ab 12.30		ab 14.30			ab 14.30		ab 9.30		ab 23.3

17 Mi	18 Do	19 Fr	20 Sa	21 So	22 Mo	23 Di	24 Mi	25 Do	26 Fr	27 Sa	28 So	29 Mo	30 Di
	ab 22.00		ab 9.00		ab 21.00				ab 5.00	ab 16.00			ab 0.00
		Pg 1.10 ☋ 9.34											Abst. Merkurknoten 21.00
Pflanzzeit													
	bis 13.15	ab 13.15	bis 7.30		bis 19.30				bis 3.30	bis 14.30			bis 15.00
	–		ab 10.30		ab 22.30				ab 6.30	ab 17.30			–

DEZEMBER

1	Mi		SA: 8.00 SU: 16.28
2	Do		
3	Fr		
4	Sa	Barbaratag	
5	So	2. Advent	
6	Mo	Nikolaus	SA: 8.06 SU: 16.25
7	Di		
8	Mi	Mariä Empfängnis	
9	Do		
10	Fr		
11	Sa		
12	So	3. Advent	
13	Mo	**Pflanzzeit beginnt um 17.06 Uhr**	SA: 8.13 SU: 16.24
14	Di		
15	Mi		
16	Do		

mm (each day)

	Fr	17
	Sa	18
4. Advent	So	19
SA: 8.18 SU: 16.26	Mo	20
	Di	21
Winteranfang / Wintersonnenwende	Mi	22
	Do	23
Heiligabend	Fr	24
1. Weihnachtsfeiertag	Sa	25
2. Weihnachtsfeiertag **Pflanzzeit endet um 16.52 Uhr**	So	26
SA: 8.21 SU: 16.30	Mo	27
	Di	28
	Mi	29
	Do	30
Silvester	Fr	31

Each day row also has blank fields for temperature, weather (sun/cloud icons) and rainfall in mm.

DEZEMBER

	1 Mi	2 Do	3 Fr	4 Sa	5 So	6 Mo	7 Di	8 Mi	9 Do	10 Fr	11 Sa	12 So	13 Mo	14 Di	15 Mi	16 D…
Sternzeichenwechsel		ab 11.00		ab 20.00		ab 22.00			ab 23.00		ab 18.00			ab 7.00		ab 5.…
		☊ 20.38		Ag 9.42												Pg 3… ☋ 13…
													Pflanzzeit	Pflanzzeit	Pflanzzeit	Pflanzzeit
	ab 3.00	bis 9.30		bis 18.30 (außer 7.45 bis 12.45)		bis 20.30			bis 21.30	ab 0.30	bis 16.30			bis 5.30	bis 15.30	–
		ab 12.30 (außer 18.45 bis 22.45)		ab 21.30		ab 23.30			–		ab 19.30			ab 8.30		ab 1…

	17	18	19	20	21	22	23	24	25	26	27	28	29	30	31
	Fr	Sa	So	Mo	Di	Mi	Do	Fr	Sa	So	Mo	Di	Mi	Do	Fr
Sternzeichen	5.00			ab 2.00			ab 12.00	ab 22.00			ab 7.00		ab 18.00	☊ 1.51	
	Pflanzzeit														
	3.30			bis 0.30			bis 10.30	bis 20.30			bis 5.30		bis 16.30	ab 4.00	
	6.30			ab 3.30			ab 13.30	ab 23.30			ab 8.30		ab 19.30 bis 0.00		

Bildnachweis

Mit 14 Farbfotos von shutterstock: /Marijana Batinic S. 2, /stockcreations S. 4, /marcin jucha S. 5, /Vilda.S S. 8 li, /olko1975 S. 8 re o, /photoPOU S. 8 re u,, /Kabar S. 9 li, /Oksana Melnikova S. 9 re, /Vanstupai S. 10 li, /Alex Manders S. 10 re, /Janis-bija S. 11 li, /S.O.E S. 11 re, /Ksenia Lada S. 12 li, /Nipho Pittaya S. 12 re.

Mit Illustrationen von:
Jochen Gündel: Umschlaginnenseite sowie Symbole Apfel, Blüte, Blatt, Wurzel auf Umschlaginnenseite und Kalendarium.

Impressum

Umschlaggestaltung von Walter & Grafik GmbH, Würzburg unter Verwendung von zwei Farbfotos von Stocksy/Michela Ravasio (Umschlagvorderseite) und Stocksy/Sophia Hsin (Umschlagrückseite).

Unser gesamtes Programm finden Sie unter **kosmos.de**.
Über Neuigkeiten informieren Sie regelmäßig unsere Newsletter, einfach anmelden unter **kosmos.de/newsletter**

Gedruckt auf chlorfrei gebleichtem Papier

FSC www.fsc.org MIX Papier | Fördert gute Waldnutzung FSC® C043106

Die Aussaattage wurden auf Grundlage der Astronomischen Konstellationen an der mathematisch-astronomischen Sektion des Goetheanums in Dornach, Schweiz, berechnet und von der Kosmos Garten-Redaktion bearbeitet.

Pfizerstraße 5–7, 70184 Stuttgart
kosmos.de/servicecenter

ISBN 978-3-440-18508-7
Texte: Peter Berg, Kosmos Garten-Redaktion
Projektleitung: Birgit Grimm
Redaktion und Bildredaktion: Birgit Grimm
Gestaltungskonzept: Atelier Reichert, Stuttgart
Gestaltung und Satz: typopoint GbR, Ostfildern
Produktion: Klaus Jost
Druck und Bindung: Grafisches Centrum Cuno GmbH & Co. KG
Printet in Germany / Imprimé en Allmagne

Alle Angaben in diesem Buch sind sorgfältig geprüft und geben den neuesten Wissensstand bei der Veröffentlichung wieder.
Da sich das Wissen aber laufend in rascher Folge weiterentwickelt und vergrößert, muss jeder Anwender prüfen, ob die Angaben nicht durch neuere Erkenntnisse überholt sind.

Aussaatdaten Monat für Monat sicher anwenden

Der Einfluss von Mond und den Gestirnen hat eine entscheidende Bedeutung auf unsere Gartenarbeit. Um erfolgreich aussäen, pflanzen, pflegen, ernten und das Erntegut verarbeiten zu können, finden Sie in diesem Kalender für das Jahr 2027 die entsprechenden Aussaatdaten für günstige und ungünstige Tage.

Kalender

Jeder Monat besteht u. a. aus zwei Seiten Kalendarium. Diese können Sie täglich für persönliche Eintragungen verwenden.
Es gibt ein Feld zum Eintragen der niedrigsten und höchsten Temperatur. Zudem können Sie Ihre Beobachtungen zum Wetter festhalten. So ist es möglich, die Ergebnisse in den folgenden Jahren miteinander zu vergleichen und Rückschlüsse zu ziehen.
Am Wochenanfang finden Sie außerdem jeweils die Zeit für den Sonnenauf- und Sonnenuntergang.

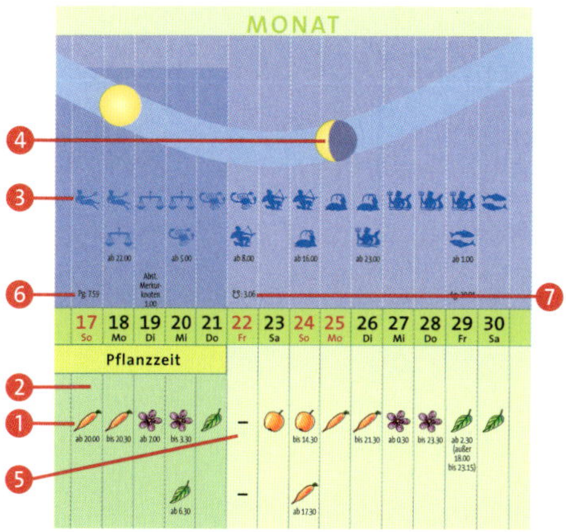

Nützliche Hinweise zur Pflanzenpflege helfen Ihnen und unterstützen Sie bei Ihrer Gartenarbeit.

Aussaatdaten

Die beiden anderen Seiten eines jeden Monats beinhalten die Aussaatdaten (die mitteleuropäische Sommerzeit ist berücksichtigt).

1. Die Symbole kennzeichnen die Pflanzengruppe, die positiv kosmisch beeinflusst wird. Die Zeiten geben den richtigen Zeitpunkt für Gartenarbeiten an. Wenn keine Zeit genannt wird, steht der gesamte Tag zur Verfügung.
2. Wenn sich die Symbole im grünen Teil der Seite befinden, ist Pflanzzeit. Der helle Teil bedeutet „keine Pflanzzeit".
3. Der Mond steht vor dem abgebildeten Sternzeichen. Die Zeit gibt an, wann der Mond vor das Sternzeichen tritt.
4. Mit diesem Symbol werden Voll-, Halb- und Neumond gekennzeichnet.
5. Hier ruhen alle Gartenarbeiten.
6. Perigäum (Erdnähe) = ungünstige Mondkonstellation
   ► 12 Stunden vorher und nachher sollten keine Gartenarbeiten durchgeführt werden. Im Kalender finden Sie das entsprechend berücksichtigt.
7. Absteigender Mondknoten = ungünstige Mondkonstellation
   ► Einige Stunden vorher und nachher sollten keine Gartenarbeiten durchgeführt werden. Dies gilt auch für den aufsteigenden Mondknoten und das Apogäum (Erdferne).

Wichtige Gartenpflanzen und ihre Gruppenzugehörigkeit

Fruchtpflanzen

- Äpfel
- Aprikosen
- Auberginen
- Birnen
- Brombeeren
- Busch-Bohnen
- Erbsen
- Erdbeeren
- Feigen
- Feuer-Bohnen
- Gurken
- Haselnüsse
- Heidelbeeren
- Himbeeren
- Japanische Weinbeeren
- Johannisbeeren
- Jostabeeren
- Kirschen, Sauer-, Süß-
- Kiwi
- Kürbisse
- Loganbeeren
- Mais
- Mirabellen
- Nektarinen
- Paprika
- Pfirsiche
- Pflaumen/Zwetschen
- Preiselbeeren
- Quitten
- Renekloden
- Soja
- Stachelbeeren
- Stangen-Bohnen
- Tomaten
- Walnüsse
- Weinreben
- Wildobst
- Zucchini
- Zucker-Mais
- Zucker-Melonen

Blütenpflanzen

- Artischocken
- Balkonpflanzen, blühende
- Blumenzwiebeln
- Brokkoli
- Kamille, Echte
- Kübelpflanzen, blühende
- Lavendel, Blütenernte
- Rosen
- Sommerblumen
- Stauden, blühende

Blattpflanzen

- Balkonpflanzen, Blatt-
- Basilikum
- Blumenkohl
- Bohnenkraut
- Borretsch
- Chinakohl
- Chicorée/Treiberei
- Eissalat
- Endivien
- Feldsalat
- Garten-Melde
- Grünkohl
- Kerbel
- Knollen-Fenchel
- Kohlrabi
- Kopfsalat
- Kresse
- Kübelpflanzen, Blatt-
- Lauch/Porree
- Mangold
- Neuseeländer Spinat
- Pak Choi
- Petersilie
- Pflücksalat
- Radicchio
- Rasen
- Rhabarber
- Römischer Salat
- Rosenkohl
- Rotkohl
- Rucola
- Schnittlauch
- Schnittsalat
- Spinat
- Stangen-Sellerie
- Stauden, Blatt-
- Weißkohl
- Wirsing
- Zitronen-Melisse
- Zuckerhut

Wurzelpflanzen

- Chicorée/Wurzel
- Karotten/Möhren
- Kartoffeln
- Knollen-Sellerie
- Knoblauch
- Meerrettich
- Pastinake
- Radieschen
- Rettich
- Rote Bete
- Schwarzwurzeln
- Süßkartoffeln
- Topinambur
- Zwiebeln

Hier haben wir für Sie bereits die wichtigsten Gartenpflanzen entsprechend ihrer Gruppenzugehörigkeit im Überblick zusammengestellt. Da die Gruppenzugehörigkeit dabei in der Regel immer von dem Pflanzenorgan bestimmt wird, das geerntet wird bzw. im Hauptinteresse der Nutzung steht, können Sie nach diesem Prinzip die entsprechende Gruppenzugehörigkeit bei Bedarf leicht selbst bestimmen.